AF596847

ABRÉGÉ

D'ARITHMÉTIQUE DÉCIMALE

OU EXTRAIT

DU NOUVEAU SYSTÈME D'ARITHMÉTIQUE DÉCIMALE
ET DU SYSTÈME MÉTRIQUE

APPROUVÉ

PAR LE CONSEIL DE L'INSTRUCTION PUBLIQUE

PAR F. P. B.

CHEZ LES ÉDITEURS

TOURS
ALFRED MAME ET FILS
Imprimeurs-Libraires

PARIS
POUSSIELGUE FRÈRES
Rue Cassette, 27

1877

CHIFFRES ROMAINS.

Le nombre 1 est représenté par I ou I, ou j.
Le nombre 5 est représenté par V ou v.
Le nombre 10 est représenté par X ou x.
Le nombre 50 est représenté par L ou l.
Le nombre 100 est représenté par C ou c.
Le nombre 500 est représenté par D ou d.
Le nombre 1 000 est représenté par M ou m.

1re RÈGLE. — Si, à la *droite* d'un chiffre, on en écrit un autre de valeur égale, ou moindre, la valeur du premier est augmentée de celle du second.

VI = 5 + 1 = 6;
VII = 5 + 1 + 1 = 7;
XVI = 10 + 5 + 1 = 16.

2e RÈGLE. — Si, à la *gauche* d'un chiffre, on en écrit un autre d'une valeur moindre, la valeur du premier est diminuée de celle du second.

IV = 5 — 1 = 4;
IX = 10 — 1 = 9;
XL = 50 — 10 = 40.

Lorsque les nombres terminés par I sont en minuscules, on remplace ordinairement l'*i* final par le *j*.

Ex. viii et xi s'écrivent ordinairement viij et xj.

De même *xxi* et *xlvi* s'écrivent ordinairement *xxj* et *xlvj*.

NOMBRES ÉCRITS EN CHIFFRES ROMAINS.

I.	1	XXV.	25
II.	2	XXIX.	29
III.	3	XL.	40
IV.	4	XLIX.	49
V.	5	LI.	51
VI.	6	LX.	60
VII.	7	LXXXI.	81
VIII.	8	XCIX.	99
IX.	9	CCCI.	301
X.	10	CD.	400
XI.	11	DC.	600
XII.	12	CM.	900
XIII.	13	MC.	1100
XIV.	14	MD.	1500
XV.	15	MM ou II^{m}. . .	2000
XVI	16	MMM ou III^{m}. . .	3000
XVII.	17	DCCCXVI. . . .	816
XVIII.	18	MDCCXC. . . .	1790
XIX.	19	MDCCCXXIX. . .	1829
XX.	20	MDCCCXXXVIII. .	1838
XXI.	21	MDCCCXL . .	1840
XXIV.	24	MDCCCLXVI. . .	1866

EXTRAIT

DU

NOUVEAU TRAITÉ

D'ARITHMÉTIQUE DÉCIMALE

DÉFINITIONS PRÉLIMINAIRES

1. D. Qu'est-ce que l'ARITHMÉTIQUE?

R. L'ARITHMÉTIQUE est la science des nombres.

2. D. Qu'appelle-t-on NOMBRE?

R. On appelle NOMBRE le résultat de la comparaison d'une *grandeur* avec l'unité.

3. D. Qu'entend-on par GRANDEUR OU QUANTITÉ?

R. Par GRANDEUR OU QUANTITÉ, on entend tout ce qui est susceptible d'être augmenté ou diminué, comme les mesures, la valeur des choses, le temps, etc.

4. D. Qu'est-ce que l'UNITÉ?

R. L'unité est la chose que l'on a en vue

comme terme de comparaison, lorsqu'il s'agit d'évaluer une grandeur quelconque.

Ainsi, dans six francs, l'unité est le *franc;* dans vingt maisons, l'unité est la *maison*, etc.

5. D. Comment divise-t-on les nombres?

R. Les nombres, en général, se divisent en nombres *abstraits* et en nombres *concrets*.

6. D. Qu'appelle-t-on nombres *abstraits ?*

R. On appelle nombres *abstraits* ceux dont la nature de l'unité n'est pas déterminée, comme *six, huit*, etc.

7. D. Qu'appelle-t-on nombres *concrets?*

R. On appelle nombres *concrets* ceux dont la nature de l'unité est déterminée, comme *six francs*, *neuf mètres*, etc.

NUMÉRATION

8. D. Qu'est-ce que la NUMÉRATION?

R. La NUMÉRATION est la partie de l'arithmétique qui enseigne à *former*, à *exprimer* et à *représenter* les nombres.

9. D. Comment *forme*-t-on les nombres?

R. On *forme* les nombres en ajoutant successivement l'unité à elle-même.

10. D. Comment *exprime*-t-on les nombres?

R. On *exprime* les nombres par les mots suivants, seuls ou combinés entre eux: *un, deux, trois, quatre, cinq, six, sept, huit, neuf, dix* ou *dizaine, cent* ou *centaine, mille, millions, billions*, etc.

11. D. Comment *représente*-t-on les nombres?

R. Pour représenter les nombres, on emploie dix chiffres dont les neuf premiers prennent le nom des neuf premiers nombres, ou des unités simples; ce sont:

Un,	deux,	trois,	quatre,	cinq,	six,	sept,	huit,	neuf,	zéro.
1,	2,	3,	4,	5,	6,	7,	8,	9,	0.

12. D. Comment, avec ces dix caractères, peut-on représenter tous les nombres possibles?

R. Avec ces dix caractères, on peut représenter tous les nombres possibles, en donnant à chaque chiffre une valeur relative à la place qu'il occupe; ainsi, le premier chiffre à droite d'un nombre représente des *unités ;* le second, des *dizaines ;* le troisième, des *centaines*, etc.

13. D. Combien les chiffres ont-ils de valeurs?

R. Les neuf premiers chiffres 1, 2, 3, 4, 5, 6, 7, 8, 9, sont appelés *chiffres significatifs ;* ils ont deux valeurs : l'une *absolue,* qui est celle qu'ils ont étant considérés isolément; et l'autre *relative,* qui est celle que leur donne le rang qu'ils occupent; le dixième chiffre, qui est le zéro, n'a aucune valeur, puisque sa seule fonction est d'occuper les places vides.

14. D. Comment exprime-t-on les nombres écrits en chiffres?

R. Pour énoncer un nombre entier écrit en chiffres, on le partage, au moins par la pensée, en tranches de trois chiffres chacune, en commençant par la droite, afin de distinguer les classes : *unités, mille, millions, billions, trillions*, etc.; la dernière tranche peut n'avoir qu'un ou deux chiffres; puis, commençant par la gauche, on lit chaque tranche comme si elle était seule, en lui-

donnant le nom de la classe qui lui convient.

Ainsi, le nombre 345|678|907|654|326 s'exprime en disant : trois cent quarante-cinq *trillions* six cent soixante dix-huit *billions* neuf cent sept *millions* six cent cinquante-quatre *mille* trois cent vingt-six *unités.*

15. D. Pourquoi la numération est-elle appelée décimale ?

R. La numération est appelée décimale, parce qu'elle a pour base le nombre 10 ; car il faut 10 unités d'un ordre quelconque pour former une unité de l'ordre immédiatement supérieur, ou bien encore dix chiffres pour représenter tous les nombres.

EXERCICES SUR LA NUMÉRATION

Ecrire en chiffres les nombres suivants :

1. Dix *unités*, vingt *unités*, quatre-vingt-six *unités.*
2. Vingt-sept *unités*, quarante-huit *unités*, soixante-cinq *unités.*
3. Soixante-quinze *unités*, quatre-vingt treize *unités.*
4. Cent soixante-huit *unités*, cent quatre-vingt-cinq *unités.*
5. Six cent deux *unités*, sept cent vingt-trois *unités*, huit cent quarante-sept *unités.*

6. Neuf cent quatre-vingt-quinze *unités*, neuf cent sept *unités*.
7. Mille *unités*, mille une *unités*, deux mille six *unités*.
8. Neuf mille trente et une *unités*, dix-sept mille cinquante-quatre *unités*.
9. Trente-six mille neuf *unités*, cinquante-cinq mille cinq cent deux *unités*.
10. Soixante et dix mille quarante *unités*, quatre vingt mille quatre-vingt-sept *unités*.

DÉCIMALES

16. D. Qu'appelle-t-on DÉCIMALES?

R. On appelle **DÉCIMALES** des parties dix fois, cent fois, mille fois, etc., plus petites que l'unité, ou qui sont successivement de dix fois en dix fois plus petites les unes que les autres.

17. D. Quels noms donne-t-on aux parties décimales?

R. Les parties décimales contenues dix fois dans l'unité se nomment *dixièmes;* les dixièmes de dixièmes, *centièmes*, parce qu'ils sont contenus cent fois dans l'unité; les dixièmes de centièmes, *millièmes*, parce qu'ils sont contenus mille fois dans l'unité;

les dixièmes de millièmes, ***dix-millièmes;*** les dixièmes de dix-millièmes, ***cent-millièmes;*** les dixièmes de cent-millièmes, ***millionièmes;*** les dixièmes de millionièmes, ***dix-millionièmes;*** les dixièmes de dix-millionièmes, ***cent-millionièmes;*** etc.

18. D. Donnez un exemple de la formation des décimales.

R. La formation des parties décimales est rendue sensible de la manière suivante: Si l'on divise une ligne en dix parties égales, chaque division représentera la dixième partie de l'unité, qui est ici la ligne; si l'on divise ensuite un dixième en dix parties égales, on obtiendra des centièmes; si l'on divise un centième en dix parties égales, on aura des millièmes, etc.

19. D. Comment écrit-on les nombres décimaux?

R. On écrit les nombres décimaux comme les nombres entiers, mais on les sépare des unités par une virgule. S'il n'y avait pas d'unités, on mettrait un zéro à la place.

Ainsi le nombre *quatre unités vingt-cinq centièmes* s'écrit 4,25; *vingt-six centièmes* s'écrivent 0,26, etc.

EXERCICES SUR LA NUMÉRATION DÉCIMALE

Écrire en chiffres les nombres suivants.

11. Vingt-six *unités* trois *dixièmes.*
12. Quarante-quatre *unités* trois *centièmes.*
13. Trente-huit *unités* quarante *centièmes.*
14. Deux cent dix-sept *unités* cinquante *centièmes.*
15. Vingt-deux *unités* quarante-huit *centièmes.*
16. Neuf cent six *unités* cinq *millièmes.*
17. Mille six *unités* cinq *dix-millièmes.*
18. Quatre mille sept *unités* cinq *cent-millièmes.*
19. Vingt-trois *unités* cinq *millioniémes.*
20. Cinquante-neuf *unités* cinq *dix-millioniémes.*

APPLICATION

DES PRINCIPES DE LA NUMÉRATION

20. D. Que faut-il faire pour rendre un nombre entier dix, cent, mille fois, etc., plus grand?

R. Pour rendre un nombre entier 10,

100, 1000 fois plus grand, on écrit à sa droite un zéro pour 10, deux pour 100, trois pour 1000, etc.

Soit le nombre 26 unités : en écrivant un zéro à sa droite, on obtient 260, nombre dix fois plus grand que le premier, puisque les unités sont devenues des dizaines, et les dizaines des centaines. Si l'on écrit deux zéros, on aura 2600, nombre cent fois plus grand que le premier, puisque les 26 unités sont devenues 26 centaines.

21. D. Que faut-il faire pour rendre un nombre entier dix, cent, mille fois, etc., plus petit?

R. Pour rendre un nombre entier 10, 100, 1000 fois plus petit, on sépare à sa droite, par une virgule, un chiffre pour 10, deux pour 100, trois pour 1000, etc.

Si le nombre entier ne contient pas assez de chiffres pour le déplacement de la virgule, on écrit à sa gauche autant de zéros qu'il est nécessaire, et un de plus pour tenir la place des unités.

Soit le nombre 425. Pour le rendre 100 fois plus petit, on sépare à sa droite deux chiffres par une virgule, et l'on obtient 4, 25, nombre cent fois plus petit que le premier, puisque les centaines sont devenues des unités, les dizaines des dizièmes.

Pour le rendre 10 000 fois plus petit, j'écris 0,0425, nombre 10 000 fois plus petit que le premier, puisque les 425 unités sont devenues 425 dix-millièmes.

22. D. Que faut-il faire pour rendre un nombre décimal dix, cent, mille fois, etc., plus grand?

R. Pour rendre un nombre décimal 10, 100, 1000 fois plus grand, on déplace la virgule vers la droite, d'un rang pour 10, de deux pour 100, de trois pour 1000, etc.

Le nombre 26,25 devient dix fois plus grand si l'on écrit 262,5, puisque les dixièmes sont devenus des unités, les unités des dizaines, etc.

23. D. Que faut-il faire pour rendre un nombre décimal dix, cent, mille fois, etc., plus petit?

R. Pour rendre un nombre décimal 10, 100, 1000 fois plus petit, on déplace la virgule, vers la gauche, d'un rang pour 10, de deux pour 100, de trois pour 1000, etc.

Si la partie entière ne contient pas assez de chiffres pour le déplacement de la virgule, on écrit à sa gauche autant de zéros qu'il est nécessaire, et un de plus pour tenir la place des unités.

Soit, par exemple, le nombre 2,65 à rendre mille fois plus petit; comme la virgule doit être déplacée de trois rangs vers la gauche, j'écris d'abord deux zéros nécessaires pour le déplacement de la virgule, puis un troisième pour tenir la place des unités. J'obtiens ainsi 0,00265, nombre évidemment mille fois plus petit que le premier, puisque les unités sont devenues des millièmes, les dixièmes des dix-millièmes, et les centièmes des cent-millièmes, ou, en d'autres termes, parce que le nombre qui exprimait d'abord 265 centièmes, exprime maintenant 265 cent-millièmes, ou un même nombre de parties décimales mille fois plus petites que les premières.

OPÉRATIONS DE L'ARITHMÉTIQUE

24. D. Qu'appelle-t-on OPÉRATIONS en arithmétique?

R. En arithmétique, on appelle OPÉRATIONS les divers changements que l'on fait subir aux nombres.

25. D. Quelles sont les opérations fondamentales de l'arithmétique?

R. Les opérations fondamentales de l'arithmétique sont : l'ADDITION, la SOUSTRACTION, la MULTIPLICATION et la DIVISION.

26. D. Pourquoi ces quatre opérations sont-elles appelées *fondamentales?*

R. Ces quatre opérations sont appelées *fondamentales* parce que les autres opérations, même les plus compliquées, ne sont que la combinaison de celles-là.

27. D. Qu'appelle-t-on PROBLÈMES?

R. On appelle PROBLÈME une proposition qui renferme une question à résoudre ou une vérité à découvrir.

28. D. Qu'est-ce que le CALCUL?

R. Le CALCUL est l'exécution des opérations à faire pour résoudre un problème.

ADDITION

29. D. Qu'est-ce que l'ADDITION?

R. L'ADDITION est une opération par laquelle on réunit plusieurs nombres exprimant des unités de même nature, pour en faire un seul, qu'on appelle SOMME OU TOTAL.

30. D. Qu'entendez-vous par unités de même nature?

R. Par unités de même nature, on entend celles qui portent la même dénomination.

Ainsi on peut additionner des francs avec des francs, des mètres avec des mètres, etc. ; mais on n'additionne pas des francs avec des grammes, des stères avec des ares, etc.

31. D. Comment faut-il écrire les nombres qu'on veut additionner?

R. Pour bien disposer les nombres qu'on veut additionner, il faut les écrire de manière que les unités soient sous les unités, les dizaines sous les dizaines, etc. ; si les nombres sont décimaux, il faut écrire les dixièmes sous les dixièmes, les centièmes sous les centièmes, etc.

32. D. Par quelle colonne faut-il commencer l'addition?

R. Il faut commencer l'addition par les chiffres de la première colonne à droite, afin de porter les dizaines qui proviennent de chaque colonne à la colonne suivante.

Exemple d'une addition de nombres entiers.

Quel est le total des trois nombres suivants : 428, 635, et 874?

Opération.

	428
	635
	874
Total	1937

Après avoir écrit les nombres les uns sous les antres, je commence par additionner les unités en disant : 8 et 5 font 13, et 4 font 17; en dix-sept unités, il y a une dizaine et sept unités, j'écris 7 unités, et je retiens une dizaine pour la porter au rang des dizaines. A la seconde colonne, qui est celle des dizaines, je dis : un de retenue et 2 font 3, et 3 font 6, et 7 font 13; en treize dizaines, il y a 1 centaine et 3 dizaines; j'écris 3 au rang des dizaines, et je retiens 1 centaine. Je passe à la troisième colonne, en disant : 1 de retenue et 4 font 5, et 6 font 11, et 8 font 19; j'écris 9 au rang des centaines, et j'avance 1 au rang des unités de mille, et j'ai 1937 pour la somme ou le total des trois nombres proposés.

33. D. Comment se fait l'addition des nombres décimaux?

R. L'addition des nombres *décimaux* se fait comme si les nombres étaient entiers;

mais on sépare à la droite du résultat, par une virgule, autant de chiffres qu'il y a de décimales dans celui des nombres qui en a le plus.

Exemple.

Soit proposé de faire l'addition des nombres suivants : 3579 unités 25 centièmes; 4682 unités 05 centièmes; 573 unités 75 centièmes, et 7856 unités 80 centièmes.

Opération.

	3579, 25
	4682, 05
	573, 75
	7856, 80
Réponse	16691, 85

qu'il faut lire 16691 unités 85 centièmes.

Commençant par la droite, je dis : 5 et 5 font 10, et 5 font 15 : en 15 centièmes, il y a 1 dixième et 5 centièmes; j'écris les 5 centièmes, et je retiens le dixième pour le porter à la colonne de cette espèce, et je dis : 1 de retenue et 2 font 3, et 7 font 10, et 8 font 18; en 18 dixièmes, il y a 1 unité, que je retiens pour l'additionner avec les unités, et j'écris 8 au rang des dixièmes, puis je dis : 1 et 9 font 10, etc.

34. D. Comment fait-on la PREUVE de l'addition?

R. Pour faire la preuve de l'addition, on

recommence l'opération en faisant la somme de chaque colonne de bas en haut.

Soit à faire la preuve de l'addition suivante :

Preuve.	20298
	7642
	8975
	3681
Total.	20298

Je recommence l'addition de bas en haut en disant : 1 et 5 font 6, et 2 font 8, que j'écris ; 8 et 7 font 15, et 4 font 19, j'écris 9 et je retiens 1 ; 1 de retenue et 6 font 7, et 9 font 16, et 6 font 22 ; j'écris 2 et je retiens 2 ; 2 de retenue et 3 font 5, et 8 font 13, et 7 font 20, que j'écris. Le total obtenu étant le même que le total primitif, j'en conclus que l'opération a été bien faite.

Dans la pratique, on n'écrit pas un second total, on se sert du premier que l'on vérifie.

Exercices sur l'addition.

21. 41+64+95+77+49+64+47+36

22. 49+97+68+45+54+68+38+97+75+68 +49+98+57+95+59+87+65+45+31 +10

23. 48+95+67+47+89+41+59+99+87+87 +56+65+29+92+67+47+66+44+42 +64

Problèmes sur l'Addition.

24. Une personne qui était née en 1742, est morte à l'âge de 89 ans : quelle est l'année de sa mort?

25. Une pépinière contient 427 poiriers, 247 pommiers, 875 cerisiers, 563 pêchers et 389 abricotiers : combien d'arbres en totalité?

26. Combien y a-t-il d'élèves dans une maison d'éducation divisée en cinq classes de la manière qui suit. la 1re contient 57 élèves; la 2e, 65; la 3e, 72; la 4e, 88, et la 5e, 129?

27. En 1829, la population a augmenté en France de 161074; en 1830, de 157994, et en 1831, de 183948 : on demande le total de l'augmentation pendant ces trois années.

28. Écrivez quarante *unités* cinq *centièmes*, cent quatre *unités* huit *dixièmes*, mille trois *unités* vingt-cinq *millièmes*, sept *unités* trente-huit *centièmes*, deux *unités* quinze *centièmes*, et faites-en la somme.

29. On demande le total des nombres suivants : quatre *dixièmes*, vingt *millièmes*, trois cents *dix-millièmes*, un *centième*, deux cents *millièmes*, qua[illegible]te-quatre *millièmes*, dix-huit *centièmes*.

30. Écrivez quatre *centièmes*, douze *cent-millièmes*, cent dix *millièmes*, onze *centièmes*, quinze *millièmes*, quatorze *millièmes*, dix-sept *dix-millièmes*, et faites-en la somme.

SOUSTRACTION

35. D. Qu'est-ce que la SOUSTRACTION?

R. La SOUSTRACTION est une opération par laquelle on retranche un nombre d'un autre nombre de même espèce.

36. D. Comment se nomme le résultat de la soustraction?

R. Le résultat de la soustraction se nomme RESTE, EXCÈS OU DIFFÉRENCE.

37. D. Qu'arrive-t-il quand on augmente deux nombres d'une même quantité?

R. Quand on augmente deux nombres d'une même quantité, leur différence ne change pas.

7	7+10=17
4	4+10=14
3	3+ 0= 3

Soient les nombres 7 et 4, leur différence est 3; en ajoutant 10 à chacun, ils deviennent 17 et 14, dont la différence est encore 3. En effet, si, d'une part, le grand nombre est augmenté de 10; de l'autre, on en retranche 10 de plus, puisque le petit nombre est aussi augmenté de 10; donc le reste ne change pas.

Il en est de même si l'on diminue les deux nombres d'une même quantité.

38. D. Comment fait-on la soustraction?

R. Pour faire la soustraction, on écrit le plus petit nombre sous le plus grand, de manière que les unités soient sous les unités, les dizaines sous les dizaines, etc.; puis, commençant par la droite, on retranche successivement chaque chiffre inférieur de son correspondant supérieur, et on écrit le reste au-dessous; s'il n'y a pas de reste, on écrit 0. Si un chiffre inférieur est plus grand que son correspondant supérieur, on augmente par la pensée celui-ci de 10; et, de cette somme, on retranche le chiffre inférieur; puis, par la pensée, on augmente de 1 le chiffre inférieur suivant.

Exemple.

Otez 483 de 876.

Opération.

```
        876
        483
      -----
Reste   393
```

Pour faire cette opération, je dis : 3 ôtés de 6, reste 3 ; 8 ôtés de 17 (en ajoutant 10 à 7), reste 9 ; 1 de retenue et 4 font 5, ôtés de 8, reste 3. Le résultat demandé est 393.

39. D. Pourquoi, après avoir ajouté 10 au chiffre 7 du nombre supérieur, et 1 au chiffre 4 du nombre inférieur, la différence n'a-t-elle pas changé?

R. La différence des deux nombres 876 et 483 n'a pas changé, parce que ces nombres ont été augmentés chacun d'une même quantité, c'est-à-dire d'une centaine. En effet, les 10 ajoutés au chiffre 7 du nombre supérieur sont 10 dizaines; elles valent 1 centaine. Le 1 ajouté au chiffre 4 du nombre inférieur est 1 centaine. Les deux nombres ont donc été augmentés chacun de 1 centaine; donc leur différence n'a pas changé.

Autre exemple.

Soit à retrancher 360 953 871 de 850 010 624.

Opération.

```
 850010624
 360953871
 ---------
 489056753
```

Pour faire cette opération, je dis : 1 ôté de 4,

reste 3; 7 ôtés de 12 (en ajoutant 10 à 2), reste 5, et je retiens 1; 1 de retenue et 8 font 9, ôtés de 16, reste 7, et je retiens 1; 1 de retenue et 3 font 4, ôtés de 10, reste 6, et je retiens 1, 1 de retenue et 5 font 6, ôtés de 11, reste 5, et je retiens 1; 1 de retenue et 9 font 10, ôtés de 10, reste 0, et je retiens 1; 1 de retenue ôté de 10, etc.

Ou simplement : 1 de 4, 3; 7 de 12, 5; 9 de 16, 7; 4 de 10, 6, etc.

40. D. Comment fait-on la soustraction des nombres décimaux ?

R. La soustraction des nombres décimaux se fait comme celle des nombres entiers; on écrit les unités sous les unités, les dizaines sous les dizaines, etc.; et les unités décimales de même espèce aussi les unes sous les autres, c'est-à-dire les dixièmes sous les dixièmes, les centièmes sous les centièmes, etc.

Si les deux nombres n'expriment pas les mêmes unités décimales, on met, à la droite de celui qui a le moins de chiffres décimaux, autant de zéros qu'il en faut pour que les unités décimales y soient de même espèce que dans l'autre, et l'on opère

comme si les deux nombres étaient entiers; puis on sépare à la droite du résultat, par une virgule, autant de chiffres décimaux qu'en contient le nombre qui en avait primitivement le plus.

Exemple.

De 3456,7 on veut ôter 2986,354.

Opération.

J'écris	3456,700
	2986,354
Reste	470,346

On a mis deux zéros à la droite du 7, afin que le premier nombre eût autant de chiffres décimaux que l'autre; on a séparé, à la droite du résultat, trois chiffres décimaux, parce que l'un des nombres en a trois, et le reste est 470 unités 346 millièmes.

41. D. Comment se fait la PREUVE de la soustraction?

R. La PREUVE de la soustraction se fait en additionnant le plus petit nombre avec la différence; la somme doit égaler le plus grand.

Exemple.

De 35 678 on veut ôter 27 899.

Opération.

35 678
27 899

Reste et Réponse 7 779

Preuve.... 35 678

Pour faire la preuve de cette opération, j'ai ajouté la petite quantité 27 899 avec la différence 7 779, et j'ai eu pour total 35 678, nombre égal au plus grand, d'où je conclus que l'opération est bien faite.

42. D. Sur quoi est fondée cette manière de faire la preuve de la soustraction?

R. Cette manière de faire la preuve de la soustraction est fondée sur ce principe, que si l'on ajoute à un nombre ce qui lui manque pour en égaler un autre, il lui devient égal.

Problèmes sur la Soustraction.

31. Trouver la différence de 7 041 à 6 942?

32. Quel est l'excédant de 85 450 sur 54 498?

33. La différence de deux nombres est 880, le plus grand est 1 200 : quel est le plus petit?

34. Un père avait 30 ans lorsque son fils naquit : quel sera l'âge du fils lorsque le père aura 95 ans?

35. Quel nombre faut-il ajouter à 357 unités 75 centièmes, pour avoir 8000 unités?

36. Un nombre est 4 unités 5 centièmes : que faut-il y ajouter pour avoir 10 unités?

MULTIPLICATION

43. D. Qu est-ce que la MULTIPLICATION?

R. La MULTIPLICATION est une opération par laquelle on prend un nombre appelé multiplicande selon que l'indique un autre nombre appelé multiplicateur.

D'après cette définition, multiplier un nombre par 1, c'est le prendre une fois; le multiplier par 4, par 5, etc., c'est le prendre quatre fois, cinq fois, etc. Le multiplier par 0, 1, c'est en prendre la dixième partie; le multiplier par 0,25, c'est en prendre 25 fois la centième partie, etc.

44. D. Comment nomme-t-on les nombres qui entrent dans une multiplication?

R. Le nombre que l'on multiplie se nomme MULTIPLICANDE; celui par lequel on multiplie se nomme MULTIPLICATEUR; le résultat se nomme PRODUIT.

45. D. Comment distingue-t-on le multiplicande d'avec le multiplicateur?

R. Le MULTIPLICANDE est le nombre que

le sens du problème indique devoir être répété. Le **PRODUIT** est toujours de même nature que le multiplicande.

46. D. Quel est le nom commun aux deux nombres donnés pour une multiplication?

R. Le multiplicande et le multiplicateur se nomment **FACTEURS** de la multiplication ou du produit.

47. D. Combien distingue-t-on de cas dans la multiplication?

R. On distingue trois cas dans la multiplication :

1° Les deux facteurs n'ont qu'un seul chiffre ;

2° Le multiplicateur n'a qu'un chiffre, et le multiplicande en a plusieurs ;

3° Les deux facteurs ont chacun plusieurs chiffres.

48. D. Comment fait-on la multiplication lorsque les deux facteurs n'ont qu'un seul chiffre?

R. Lorsque les deux facteurs n'ont qu'un seul chiffre, le produit est donné par la table de multiplication.

TABLE DE MULTIPLICATION

2 fois 2 font 4	5 fois 5 font 25
2 fois 3 font 6	5 fois 6 font 30
2 fois 4 font 8	5 fois 7 font 35
2 fois 5 font 10	5 fois 8 font 40
2 fois 6 font 12	5 fois 9 font 45
2 fois 7 font 14	5 fois 10 font 50
2 fois 8 font 16	
2 fois 9 font 18	6 fois 6 font 36
2 fois 10 font 20	6 fois 7 font 42
	6 fois 8 font 48
	6 fois 9 font 54
3 fois 3 font 9	6 fois 10 font 60
3 fois 4 font 12	
3 fois 5 font 15	
3 fois 6 font 18	7 fois 7 font 49
3 fois 7 font 21	7 fois 8 font 56
3 fois 8 font 24	7 fois 9 font 63
3 fois 9 font 27	7 fois 10 font 70
3 fois 10 font 30	
	8 fois 8 font 64
	8 fois 9 font 72
4 fois 4 font 16	8 fois 10 font 80
4 fois 5 font 20	
4 fois 6 font 24	9 fois 9 font 81
4 fois 7 font 28	9 fois 10 font 90
4 fois 8 font 32	
4 fois 9 font 36	
4 fois 10 font 40	10 fois 10 font 100

Exemple. Soit à multiplier 6 par 4. En me reportant à la table de multiplication, qui se compose de toutes les multiplications dont les facteurs ne sont formés chacun que d'un seul chiffre, je trouve 24 pour produit.

49. D. Comment fait-on la multiplication lorsque le multiplicateur n'a qu'un seul chiffre et que le multiplicande en a plusieurs?

R. Lorsque le multiplicateur n'a qu'un seul chiffre, et que le multiplicande en a plusieurs, on place le multiplicateur sous le multiplicande; et, après avoir tiré un trait, on multiplie successivement, en commençant par la droite, chacun des chiffres du multiplicande par le chiffre du multiplicateur; si l'un des produits donne des dizaines de l'ordre qui est multiplié, on n'écrit que les unités, et on joint les dizaines au produit suivant.

Exemple.

On veut multiplier 532 par 4, quel sera le produit?

Opération.

```
  532
 × 4
 ----
 2128
```

Pour faire cette opération, je multiplie d'abord les unités, en disant : 4 fois 2 font 8; j'écris 8 sous les unités. Je passe au second chiffre en disant : 4 fois 3 dizaines font 12 dizaines; j'écris 2 dizaines; et je retiens 1 centaine pour a joindre au troisième produit, que j'obtiens en disant : 4 fois 5 centaines font 20 centaines et 1 de retenue font 21, que j'écris en entier, parce qu'il n'y a plus rien à multiplier. Le nombre 2128 est le produit demandé, car il contient 4 fois le multiplicande. En effet, il renferme 4 fois les unités, 4 fois les dizaines et 4 fois les centaines : il renferme donc 4 fois tout le nombre 532.

50. D. Comment fait-on la multiplication lorsque les facteurs ont chacun plusieurs chiffres?

R. Lorsque les facteurs ont chacun plusieurs chiffres, on multiplie le multiplicande par chacun des chiffres du multiplicateur; c'est-à-dire qu'après avoir multiplié par les unités, on multiplie par les dizaines, mais on avance le produit d'un rang vers la gauche; on multiplie ensuite par les centaines, et l'on avance le produit de deux rangs, etc.; de sorte que le premier chiffre de chaque produit partiel soit au rang du chiffre par lequel on multiplie.

Exemple.

Soit 218 à multiplier par 456.

Opération.

```
      218
    × 456
  -------
    1 308  produit par les unités.
   10 90   produit par les dizaines.
   87 2    produit par les centaines.
  -------
   99 408  produit total.
```

Pour faire cette opération, après avoir multiplié par les unités, je passe aux dizaines; je multiplie le multiplicande 218 par 5, et j'avance le produit d'un rang, c'est-à-dire que je le porte sous les dizaines, etc. Je multiplie ensuite par les centaines, ayant soin d'avancer encore d'une place le produit qui en résulte, c'est-à-dire que je l'écris sous les centaines, etc.

51. D. Pourquoi avance-t-on d'une place le produit des dizaines, de deux celui des centaines, etc. ?

R. On avance d'une place le produit des dizaines, de deux celui des centaines, etc., parce qu'en multipliant par le chiffre des dizaines, comme s'il exprimait des unités simples, on a un produit dix fois trop petit; il faut donc rendre ce produit dix fois plus

grand, en lui faisant exprimer des dizaines. Par une raison analogue, on doit placer au rang des centaines le produit donné par le chiffre des centaines, etc.

52. D. Comment fait-on la multiplication lorsqu'il y a des zéros à l'un des facteurs?

R. S'il y a des zéros au multiplicande, on les écrit simplement à chaque produit partiel de la multiplication, excepté le cas où l'on aurait une retenue, car alors on l'écrirait au lieu du premier zéro.

S'il y a des zéros au multiplicateur, on les écrit au produit partiel, à la place indiquée par le rang qu'ils occupent, et on continue la multiplication.

Exemple.

On veut multiplier 109080 par 36050.

Opération.

```
        109080
      × 36050
      ---------
       5454000
     6544800
    327240
    -----------
Produit 3932334000
```

Pour faire cette multiplication, j'écris d'abord le dernier zéro du multiplicateur au rang des unités, puis je multiplie par le 5 en disant : 5 fois zéro ne donnent rien, j'écris un zéro à la gauche de celui des unités, c'est-à-dire au rang des dizaines. Je continue en disant : 5 fois 8 font 40; j'écris zéro, et je retiens 4. Puis, 5 fois zéro ne donnent rien, mais j'ai 4 de retenue, que j'écris: j'opère de même pour le 9, etc. Passant au zéro qui, dans le multiplicateur, occupe le rang des centaines, je l'écris sous le même rang au produit, et je passe au 6 en disant : 6 fois zéro ne donnent rien; j'écris zéro au rang des unités de mille, etc. Le produit du 3 doit être sous le rang des dizaines de mille, parce qu'il exprime lui-même des dizaines de mille; le reste, à l'ordinaire.

53. D. Comment fait-on la multiplication des nombres décimaux?

R. La multiplication des nombres décimaux se fait comme celle des nombres entiers, sans avoir égard à la virgule; mais on sépare, à la droite du produit, autant de chiffres décimaux qu'il y en a dans les deux facteurs.

Exemple.

Soit à trouver le produit de 4,35 par 8,26.

Opération.

```
   4,35
 × 8,26
 ------
   2610
   870
 3480
 ------
 35,9310
```

La multiplication étant faite, je sépare quatre chiffres décimaux à la droite du produit, parce qu'il y en a deux dans chaque facteur.

54. D. Si l'on n'a que des fractions décimales pour facteurs, que faut-il faire?

R. Si l'on n'a que des fractions décimales pour facteurs, on fait abstraction des virgules et des zéros qui précèdent jusqu'aux chiffres significatifs; puis on multiplie comme à l'ordinaire, et l'on sépare à la droite du produit, par une virgule, autant de chiffres décimaux qu'il y en a en tout dans les deux facteurs.

Exemple.

On veut multiplier 0,054 par 0,056.

Opération.

```
    0,054
  × 0,056
 ---------
      324
     270
 ---------
 0,003024
```

Ayant multiplié 54 par 56, j'ai 3 024 au produit; mais comme je dois séparer 6 chiffres décimaux, je place deux zéros à la gauche de ce produit; je les fais précéder de la virgule et d'un autre zéro pour annoncer que le nombre ne contient pas d'unités, et j'ai 0,003024, qu'on lit : 3 millièmes 24 millionièmes.

55. D. Comment fait-on la PREUVE de la multiplication?

R. On fait ordinairement la **PREUVE** de la multiplication en multipliant les deux facteurs dans un ordre inverse (1).

On peut aussi faire la preuve de la multiplication par la division.

Problèmes sur la Multiplication.

37. Quel est le produit de 48 par 637?

38. Faites le produit de 40 900,87 par 20708.

39. Quel nombre donne 47,630 multiplié par 0,03?

40. On demande le produit de 8475 par 49,875.

41. Faites le produit de 468,45 par 57,009.

42. Quel est le produit de 9 640,27 par 408,009?

(1) En multipliant le multiplicateur par le multiplicande, et l'on doit retrouver le même produit.

DIVISION

56. D. Qu'est-ce que la DIVISION?

R. La **DIVISION** est une opération par laquelle on cherche l'un des facteurs d'un produit dont on connaît l'autre facteur et ce produit.

Ainsi, diviser 12 par 3, c'est chercher un nombre qui, étant multiplié par 3, donne 12 au produit.

57. D. Comment nomme-t-on les termes qui entrent dans une division?

R. Le nombre à diviser se nomme **DIVIDENDE**; celui par lequel on divise se nomme **DIVISEUR**, et le résultat se nomme **QUOTIENT**.

58. D. Comment faut-il disposer les termes d'une division?

R. Pour disposer les termes de la division, on place sur une même ligne le dividende et le diviseur séparés par un trait vertical, on souligne le diviseur et on met le quotient au-dessous.

59. D. Combien distingue-t-on de cas dans la division?

R. On distingue trois cas dans la division :

1° Le diviseur n'a qu'un chiffre, et le dividende le contient moins de dix fois;

2° Le diviseur a plusieurs chiffres, et le dividende le contient moins de dix fois;

3° Le dividende contient au moins dix fois le diviseur.

60. D. Comment fait-on la division lorsque le diviseur n'a qu'un chiffre et que le dividende le contient moins de dix fois?

R. Lorsque le diviseur n'a qu'un chiffre et que le dividende le contient moins de dix fois, on cherche dans la table de multiplication le nombre qui, multiplié par le diviseur, donne le dividende ou le produit inférieur le plus approchant.

Soit à diviser 24 par 4.

Je trouve dans la table de multiplication que 4 fois 6 font 24; donc, le quotient est 6.

2° Soit à diviser 32 par 7.

Je trouve dans la table de multiplication : 4 fois 7 font 28, produit plus faible que 32; et 5 fois 7 font 35, produit plus fort que 32; je prends le facteur le plus faible 4 pour le quotient demandé.

61. D. Comment fait-on la division lorsque le diviseur a plusieurs chiffres, et que le dividende le contient moins de dix fois?

R. Lorsque le diviseur a plusieurs chiffres, et que le dividende le contient moins de 10 fois, on divise par les unités à gauche du diviseur, les unités du même ordre du dividende, et l'on écrit le quotient, ou ce quotient diminué d'une ou plusieurs unités, jusqu'à ce que l'on ait un chiffre qui, multipliant le diviseur, donne un produit que l'on puisse retrancher du dividende.

Soit à diviser 36364 par 4543.

Dividende	Diviseur
36.364	4543
36 344	8
20	

Je divise les 36 mille du dividende par les 4 mille du diviseur, en disant : en 36 combien de fois 4, il y est 9 fois; mais à cause de la retenue que donnera le chiffre 5, je n'écris que 8. Je multiplie le diviseur par 8, pour vérifier ce chiffre, et je retranche le produit du dividende; comme le reste 20 est inférieur au diviseur, j'en conclus que ce chiffre est exact.

62. D. Comment fait-on la division lorsque le dividende contient le diviseur au moins 10 fois?

R. Lorsque le dividende contient le diviseur au moins 10 fois, on forme un premier dividende partiel en séparant sur la gauche du dividende autant de chiffres qu'il y en a au diviseur, ou un de plus, si le nombre ainsi obtenu est moindre que le diviseur; divisant ce premier dividende partiel par le diviseur, on a le premier chiffre à gauche du quotient. A la droite du reste, on écrit le chiffre suivant du dividende, pour former le second dividende partiel, qui, divisé par le diviseur, donne le second chiffre du quotient. On continue cette série d'opérations jusqu'à ce que l'on ait employé tous les chiffres du dividende.

Exemple : Soit à diviser 2 313 685 par 7843.

Opération.

Dividende	Diviseur
23 136.85	7843
15 686	295
74 508	
70 587	
39 215	
39 215	
0	

Les quatre chiffres à la gauche du dividende formant un nombre plus petit que le diviseur, j'en sépare cinq, ce qui donne 23 136 pour le premier dividende partiel. 23 contient 7 trois fois; j'écris 2 au quotient à cause de la retenue que donnera 8; je multiplie le diviseur par 2, et je retranche le produit 15 686 du dividende partiel 23136; à la droite du reste 74 50, j'écris le chiffre suivant 8 du dividende; le second dividende partiel est 74 508.

74 contient 7 neuf fois; neuf fois 7 843 ôtés de 74 508, il reste 3 921; à la droite de ce reste, j'écris le chiffre suivant 5 du dividende pour former le troisième dividende partiel 39 215; 39 contient 5 fois 7; multipliant le diviseur par 5 et retranchant le produit du dividende partiel 39215, j'obtiens 0 pour reste : donc le quotient est 295.

63. D. Comment fait-on la division des nombres décimaux?

R. Dans la division des nombres décimaux, on fait d'abord exprimer au dividende et au diviseur les mêmes unités décimales, puis on supprime la virgule et l'on opère comme pour les nombres entiers.

Exemple : Soit à diviser 32,75 par 5.

Opération.

3275	500
2750	6,55
2500	
000	

Je prépare cette opération en mettant deux zéros à la droite du diviseur pour lui donner autant de chiffres décimaux qu'en a le dividende; et ayant effectué la division suivant les règles précédentes, je trouve pour quotient 6 unités 55 centièmes.

64. D. Comment fait-on la PREUVE de la division?

R. La PREUVE de la division se fait ordinairement en multipliant le diviseur par le quotient, et ajoutant au produit le reste de la division s'il y en a un; le résultat doit être égal au dividende.

Problèmes sur la Division.

43. Divisez 764 700 par 20.
44. Divisez 761234 par 924.
45. Divisez 592 684 par 9142.
46. Divisez 69,3 par 13,03.
47. Divisez 29,39 par 70,1214.
48. Divisez 0,42 par 3,07.

FRACTIONS

65. D. Qu'est-ce qu'une FRACTION?

R. Une FRACTION est une ou plusieurs parties de l'unité divisée en un nombre quelconque de parties égales.

Par exemple, si l'on partageait une ligne en cinq parties égales, chaque partie exprimerait une fraction de la ligne et se nommerait un cinquième; si l'on en prenait trois, on aurait trois cinquièmes, etc.

66. D. Comment représente-t-on les fractions?

R. On représente les fractions par deux nombres placés l'un au-dessous de l'autre et séparés par un trait: ainsi, un cinquième s'écrit $\frac{1}{5}$; trois cinquièmes s'écrivent $\frac{3}{5}$, etc.

67. D. Comment nomme-t-on les termes qui composent une fraction?

R. Le terme supérieur d'une fraction se nomme NUMÉRATEUR, et le terme inférieur, DÉNOMINATEUR.

68. D. Que marque le numérateur?

R. Le numérateur indique combien la fraction contient de parties de l'unité.

69. D. Que marque le dénominateur?

R. Le dénominateur indique en combien de parties égales l'unité est divisée.

RÉDUCTIONS DES FRACTIONS

70. D. Qu'entend-on par RÉDUCTIONS des fractions?

R. Les RÉDUCTIONS des fractions sont divers changements que l'on fait subir aux fractions sans changer leur valeur.

71. D. Quelles sont les principales réductions des fractions?

R. Les principales réductions des fractions sont au nombre de quatre:

La première consiste à réduire des entiers, ou des entiers et des fractions, en une seule expression fractionnaire;

La seconde consiste à extraire les entiers d'une expression fractionnaire;

La troisième consiste à réduire des fractions à leur plus simple expression;

La quatrième consiste à réduire des fractions au même dénominateur.

72. D. Que faut-il faire pour réduire des entiers en expression fractionnaire?

R. On réduit des entiers en une expression fractionnaire, en multipliant le dénominateur donné par le nombre entier. Lorsqu'il y a une fraction jointe aux entiers, on ajoute le numérateur au produit.

1er *Exemple.*

On demande combien il y a de quarts dans trois unités.

Une unité contient 4 quarts; 3 unités contiennent donc 3 fois 4 quarts; donc, pour résoudre ce problème, il faut multiplier 4 par 3; on aura pour réponse $\frac{12}{4}$.

2e *Exemple.*

Réduire 18 unités $\frac{3}{8}$ en une seule expression fractionnaire.

Chaque unité donne 8 huitièmes, les 18 donneront donc $8 \times 18 = 144$ huitièmes; en ajoutant les $\frac{3}{8}$ qui accompagnent les unités, on obtient $\frac{147}{8}$.

73. D. Que faut-il faire pour extraire les entiers contenus dans une expression fractionnaire?

R. Pour extraire les entiers d'une expression fractionnaire, on divise le numérateur par le dénominateur; le quotient donne les entiers; le reste, s'il y en a un, est le numérateur d'une fraction qui a pour dénominateur celui de l'expression fractionnaire.

Exemple.

On demande combien il y a d'unités en $\frac{12}{4}$.

Quatre quarts égalent une unité; 12 quarts valent donc autant d'unités qu'il y a de fois 4 dans 12; donc, pour résoudre cette question, il faut diviser 12 par 4.

12	4
0	Rép. 3

74. D. Que faut-il faire pour réduire une fraction à sa PLUS SIMPLE EXPRESSION?

R. Pour réduire une fraction à sa PLUS SIMPLE EXPRESSION, il faut d'abord diviser les deux termes de cette fraction par un même nombre, et répéter cette opération

sur les deux termes de la fraction résultante, autant qu'elle pourra se faire.

Par exemple, si l'on avait $\frac{120}{180}$ à réduire à sa plus simple expression, on pourrait d'abord diviser les deux termes par 2, et on aurait $\frac{60}{90}$; par 2 encore, et on aurait $\frac{30}{45}$; par 3, on aurait $\frac{10}{15}$, et par 5, on aurait $\frac{2}{3}$ pour réponse.

75. D. Quels sont les nombres divisibles par 2, par 3, par 5?

R. Tout nombre terminé par un zéro, ou par un chiffre pair, est divisible par 2; tout nombre dont la somme des chiffres considérés comme des unités simples est 3 ou un multiple de 3, est divisible par 3; tout nombre terminé par zéro ou par 5, est divisible par 5.

On pourrait encore diviser tout de suite les deux termes de la fraction par leur PLUS GRAND COMMUN DIVISEUR.

76. D. Qu'appelle-t-on plus grand commun diviseur de plusieurs nombres?

R. On appelle plus grand commun divi-

seur de plusieurs nombres, le plus grand nombre qui peut les diviser tous sans reste.

Soient 18 et 24.

18 a pour diviseurs 1, 2, 3, 6, 9, 18.

24 a pour diviseurs 1, 2, 3, 4, 6, 12, 24.

Ces deux nombres 18 et 24 ont donc pour communs diviseurs 1, 2, 3, 6. Leur plus grand commun diviseur est 6.

77. D. Que faut-il faire pour trouver le plus grand commun diviseur de deux nombres?

R. Pour trouver le plus grand commun diviseur de deux nombres, on divise le plus grand par le plus petit; s'il ne reste rien, le plus petit est le plus grand commun diviseur; s'il y a un reste, on divise le plus petit nombre par le reste, le premier reste par le second, et l'on continue ainsi la division jusqu'à ce qu'elle se fasse sans reste. Le dernier diviseur qu'on a employé est le plus grand commun diviseur. Si le dernier diviseur est l'unité, les deux nombres sont premiers entre eux.

Exemple :

Soit à chercher le plus grand commun diviseur entre 117 et 1365.

1 365	11	1	2	*Quotients.*	117	39	1365	39
1 95	117	78	39	*Diviseurs.*	0	3	195	35
78	39	00					0	

Je divise le plus grand nombre 1365 par le plus petit 117, le reste est 78; je divise 117 par 78, il reste 39; je divise 78 par 39. Comme la division se fait sans reste, j'en conclus que 39 est le plus grand commun diviseur cherché.

78. D. Que faut-il faire pour réduire deux fractions au MÊME DÉNOMINATEUR?

R. Pour réduire deux fractions au MÊME DÉNOMINATEUR, il faut multiplier les deux termes de la première par le dénominateur de la seconde, et les deux termes de la seconde par le dénominateur de la première.

Par exemple, pour réduire au même dénominateur les deux fractions $\frac{2}{3}$ et $\frac{1}{4}$, je multiplie 2 et 3, qui sont les deux termes de la première fraction, chacun par 4, dé-

nominateur de la seconde; et j'ai $\frac{8}{12}$, qui est de même valeur que $\frac{2}{3}$. Je multiplie de même les deux termes 3 et 4 de la seconde fraction, chacun par 3, dénominateur de la première, et j'ai $\frac{9}{12}$, qui est de même valeur que $\frac{3}{4}$; en sorte que les fractions $\frac{2}{3}$ et $\frac{3}{4}$ sont changées en $\frac{8}{12}$ et $\frac{9}{12}$, qui sont respectivement de même valeur que les premières, et qui ont le même dénominateur entre elles.

79. D. Que faut-il faire pour réduire trois fractions, et même un plus grand nombre au même dénominateur?

R. Si l'on a plus de deux fractions à réduire au même dénominateur, on multiplie les deux termes de chacune par le produit des dénominateurs des autres fractions.

OPÉRATIONS SUR LES FRACTIONS

80. D. Comment fait-on l'addition des fractions?

R. Si les fractions sont au même dénominateur, on additionne les numérateurs, et on donne à leur somme le dénominateur commun.

Si les fractions ne sont pas au même dénominateur, on les y réduit, et l'on additionne ensuite les nouvelles fractions.

S'il y a des entiers joints aux fractions, on additionne d'abord les fractions, puis les entiers, en y ajoutant les entiers obtenus par l'addition des fractions.

81. D. Comment fait-on la soustraction des fractions?

R. Si les deux fractions proposées ont le même dénominateur, on retranche le numérateur de la plus petite du numérateur de l'autre, et l'on donne au reste le dénominateur commun de ces deux fractions.

Si les fractions ne sont pas au même dénominateur, on les y réduit; et l'on opère ensuite sur les nouvelles fractions.

Lorsqu'il y a des entiers joints aux fractions, on fait d'abord la soustraction des fractions, puis celle des entiers.

Si la fraction du nombre inférieur est plus grande que celle du nombre supérieur, on augmente, par la pensée, celle-ci d'une unité, et l'on augmente ensuite d'une unité le nombre entier inférieur.

Pour augmenter une fraction d'une unité, il suffit d'ajouter le dénominateur au numérateur.

82. D. Comment fait-on la multiplication des fractions?

R. On distingue trois cas principaux dans la mulptiplication des fractions :

1° Multiplier une fraction par un nombre entier;

2° Multiplier un nombre entier par une fraction;

3° Multiplier une fraction par une fraction.

Pour multiplier une fraction par un nombre entier, on multiplie le numérateur par le nombre entier et l'on donne au produit le dénominateur.

Pour multiplier un nombre entier par

une fraction, on multiplie le nombre entier par le numérateur, et l'on donne au produit le dénominateur.

Pour multiplier une fraction par une fraction, on fait le produit des deux numérateurs et celui des deux dénominateurs.

83. D. Combien distingue-t-on de cas dans la division des fractions?

R. Dans la division des fractions, on distingue trois cas principaux :

1° Diviser une fraction par un nombre entier;

2° Diviser un nombre entier par une fraction;

3° Diviser une fraction par une fraction.

Pour diviser une fraction par un nombre entier, on multiplie le dénominateur par le nombre entier, et l'on conserve le numérateur.

Pour diviser un nombre entier par une fraction, on multiplie ce nombre par la fraction diviseur renversée.

Pour diviser une fraction par une fraction, on multiplie la fraction dividende par la fraction diviseur renversée.

FRACTIONS DE FRACTIONS

84. D. Qu'appelle-t-on FRACTIONS DE FRACTIONS?

R. On appelle FRACTIONS DE FRACTIONS une suite de fractions dépendantes les unes des autres, comme, par exemple, si on demandait quels sont les $\frac{2}{3}$ des $\frac{3}{4}$ des $\frac{5}{6}$ d'une unité.

85. D. Comment peut-on réduire ces sortes de fractions en une seule?

R. On réduit les fractions de fractions en une seule fraction, en multipliant entre eux tous les numérateurs, et aussi entre eux tous les dénominateurs; ainsi la réponse du problème ci-dessus est $\frac{30}{72}$ d'unité.

RÉDUCTION DES FRACTIONS ORDINAIRES EN FRACTIONS DÉCIMALES

86. D. Que faut-il faire pour réduire une fraction décimale en fraction ordinaire?

R. Pour réduire une fraction décimale

en fraction ordinaire, on prend pour numérateur le nombre décimal, abstraction faite de la virgule, et pour dénominateur l'unité suivie d'autant de zéros qu'il y a de chiffres décimaux.

Soit à exprimer 0,32 en fraction ordinaire. D'après les règles de la numération, la fraction décimale 0,32 vaut 32 centièmes : or telle est aussi la valeur de la fraction ordinaire $\frac{32}{100}$.

87. D. Comment réduit-on une fraction ordinaire en fraction décimale?

R. Pour réduire une fraction ordinaire en fraction décimale, on divise le numérateur par le dénominateur.

Exemple. Soit à réduire la fraction $\frac{8}{25}$ en fraction décimale.

Je divise 8 par 25, et j'ai pour réponse 0,32.

SYSTÈME MÉTRIQUE

88. D. Qu'est-ce que le SYSTÈME MÉTRIQUE?

R. Le SYSTÈME MÉTRIQUE est l'ensemble des poids et des mesures qui ont le mètre pour base.

89. D. Qu'est-ce que le MÈTRE?

R. Le MÈTRE est une mesure qui égale la dix-millionième partie du quart du méridien terrestre.

90. D. Dites quel est le nombre des unités principales du système métrique et nommez-les.

R. Les unités principales du système métrique sont au nombre de six :

1° Le MÈTRE pour les longueurs; 2° l'ARE pour les surfaces agraires; 3° le STÈRE pour le bois de chauffage; 4° le LITRE pour les contenances; 5° le GRAMME pour les poids; 6° le FRANC pour les monnaies.

91. D. Comment les unités principales du système métrique dérivent-elles du mètre?

R. L'ARE dérive du mètre, parce qu'il égale un carré de dix mètres de côté.

Le STÈRE dérive du mètre, parce qu'il égale un mètre cube;

Le LITRE dérive du mètre, parce qu'il est la contenance d'un décimètre cube;

Le GRAMME dérive du mètre, parce qu'il est le poids d'un centimètre cube d'eau pure;

Le FRANC dérive du mètre, parce qu'il pèse cinq grammes, et que le gramme dérive du mètre.

92. D. Qu'appelle-t-on multiples métriques?

R. On appelle MULTIPLES MÉTRIQUES les mots DÉCA, HECTO, KILO, MYRIA, que l'on place devant l'unité, et qui expriment 10 fois, 100 fois, 1 000 fois, 10 000 fois cette unité.

DÉCA	signifie. . .	10;
HECTO	signifie. . .	100;
KILO	signifie. . .	1000;
MYRIA	signifie. . .	10000.

93. D. Qu'appelle-t-on sous-multiples métriques?

R. On appelle **SOUS-MULTIPLES MÉTRIQUES** les mots **DÉCI**, **CENTI**, **MILLI**, que l'on place devant le nom de l'unité, et qui expriment la 10e, la 100e, la 1 000e partie de cette unité.

Déci signifie. . . 10e;
Centi signifie. . 100e;
Milli signifie. . . 1000e.

94. D. Toutes les unités du système métrique admettent-elles tous les multiples et tous les sous-multiples?

R. Le mètre et le gramme admettent tous les multiples et tous les sous-multiples; l'are n'admet qu'*hecto* et *centi*; le stère n'admet que *déca* et *déci*; le litre les admet tous, excepté *myria* et *milli*; et le franc n'admet que les sous-multiples, sous les noms de *décime*, *centime* et *millième*.

95. D. Pourquoi le système métrique est-il appelé décimal?

R. Le système métrique est appelé **DÉCI-**

MAL, parce que ses *multiples* expriment des nombres qui égalent dix, cent, mille, dix mille unités, et ses *sous-multiples*, des nombres qui sont la dixième, la centième, la millième partie de l'unité.

On l'appelle encore LÉGAL, parce qu'il est prescrit par la loi.

MESURES DE LONGUEUR

96. D. Qu'entend-on par mesures de LONGUEUR?

R. Par mesures de LONGUEUR, on entend celles dont on se sert pour mesurer l'étendue considérée comme ligne; telle que la longueur d'une route, la taille d'un homme la longueur d'une pièce d'étoffe, etc.

97. D. Quelles sont les mesures de longueur?

R. Les mesures de longueur sont le MÈTRE, ses multiples et ses sous-multiples.

98. D. Quels sont les multiples du mètre?

R. Les multiples du mètre sont:

1° Le DÉCAMÈTRE, qui égale une longueur de 10 mètres?

2° L'HECTOMÈTRE, qui égale une longueur de 100 mètres;

3° Le KILOMÈTRE, qui égale une longueur de 1000 mètres;

4° Le MYRIAMÈTRE, qui égale une longueur de 10 000 mètres.

Les sous-multiples ou subdivisions du mètre sont:

1° Le DÉCIMÈTRE, qui égale la dixième partie du mètre;

2° Le CENTIMÈTRE, qui égale la centième partie du mètre;

3° Le MILLIMÈTRE, qui égale la millième partie du mètre.

99. D. Qu'appelle-t-on mesures itinéraires et quelles sont-elles?

R. On appelle mesures ITINÉRAIRES les mesures qui servent à évaluer les distances géographiques, comme celle d'une ville à une autre.

Les mesures itinéraires sont le MYRIAMÈTRE, le KILOMÈTRE et l'HECTOMÈTRE.

MESURES DE SURFACE OU DE SUPERFICIE

100. D. Qu'appelle-t-on mesures de SUPERFICIE?

R. On appelle mesures de SUPERFICIE celles dont on se sert pour mesurer l'étendue considérée sous deux dimensions, longueur et largeur, comme les travaux de peinture, certains travaux de menuiserie, de maçonnerie, etc.

101. D. Comment divise-t-on les mesures de surface ou de superficie?

R. On divise les mesures de surface ou de superficie en trois classes :

1° Les mesures de SUPERFICIE PROPREMENT DITES ;

2° Les mesures AGRAIRES ;

3° Les mesures TOPOGRAPHIQUES.

MESURES DE SUPERFICIE ORDINAIRES OU PROPREMENT DITES

102. D. Qu'appelle-t-on mesures de superficie proprement dites?

R. On appelle mesures de superficie proprement dites les mesures qui servent à évaluer les petites surfaces, comme la surface d'un plancher, d'une cour, etc.

103. D. Quelles sont les mesures de superficie proprement dites?

R. Les mesures de superficie proprement dites sont le MÈTRE CARRÉ et ses sous-multiples.

104. D. Qu'est-ce que le MÈTRE CARRÉ?

R. Le MÈTRE CARRÉ est un carré dont chaque côté a un mètre de longueur.

105. D. Quels sont les sous-multiples du mètre carré?

R. Les sous-multiples du mètre carré sont : le DÉCIMÈTRE CARRÉ, le CENTIMÈTRE CARRÉ et le MILLIMÈTRE CARRÉ.

Le DÉCIMÈTRE CARRÉ est un carré d'un décimètre de côté; il y en a 100 dans le mètre carré.

Le CENTIMÈTRE CARRÉ est un carré d'un centimètre de côté; il y en a 100 dans le décimètre carré, et 10000 dans le mètre carré.

Le MILLIMÈTRE CARRÉ est un carré d'un millimètre de côté; il y en a 100 dans le centimètre carré, 10000 dans le décimètre carré, et 1000000 dans le mètre carré.

106. D. Comment écrit-on les sous-multiples du mètre carré?

R. En prenant le mètre carré pour unité, on écrit les décimètres carrés au rang des *centièmes*, les centimètres carrés au rang des *dix-millièmes*, et les millimètres carrés au rang des *millioniémes*.

MESURES AGRAIRES

107. D. Qu'appelle-t-on mesures AGRAIRES?

R. On appelle mesures AGRAIRES celles qui servent à évaluer la superficie des propriétés foncières, comme celle des champs, des prés, des vignes, des bois, des forêts, etc.

108. D. Quelles sont les mesures agraires?

R. Les *mesures agraires* sont l'ARE, avec un multiple qui est l'HECTARE, et un sous-multiple qui est le CENTIARE.

109. D. Qu'est-ce que l'ARE?

R. L'ARE est un carré dont chaque côté

a 10 mètres de longueur; il contient 100 mètres carrés; on pourrait encore l'appeler *décamètre carré*.

110. D. Qu'est-ce que l'HECTARE?

R. L'HECTARE est un carré de 100 mètres de côté; il contient 100 ares, ou 10000 mètres carrés; il égale l'*hectomètre carré*.

111. D. Qu'est-ce que le CENTIARE?

R. Le CENTIARE est un carré d'un mètre de côté; c'est le *mètre carré*.

MESURES TOPOGRAPHIQUES

112. D. Qu'entendez-vous par mesures TOPOGRAPHIQUES?

R. Par mesures TOPOGRAPHIQUES, on entend celles qui servent à mesurer les grandes superficies, comme celle d'un canton, d'un département, d'un État, etc.

113. D. Quelles sont les mesures topographiques?

R. Les mesures topographiques sont les trois grands multiples du mètre carré, c'est-à-dire:

1° L'HECTOMÈTRE CARRÉ;
2° Le KILOMÈTRE CARRÉ;
3° Le MYRIAMÈTRE CARRÉ.

114. D. Qu'est-ce que l'HECTOMÈTRE CARRÉ?

R. L'**HECTOMÈTRE CARRÉ** est un carré de 100 mètres de côté; il contient 10000 mètres carrés.

115. D. Qu'est-ce que le KILOMÈTRE CARRÉ?

R. Le **KILOMÈTRE CARRÉ** est un carré de 1000 mètres de côté; il contient 1000000 de mètres carrés.

116. D. Qu'est-ce que le MYRIAMÈTRE CARRÉ?

R. Le **MYRIAMÈTRE CARRÉ** est un carré de 10000 mètres de côté; il contient 100000000 de mètres carrés.

MESURES DE VOLUME OU DE SOLIDITÉ

117. D. Qu'appelle-t-on mesures de VOLUME ou de SOLIDITÉ?

R. On appelle mesures de **VOLUME** ou de **SOLIDITÉ** celles dont on se sert pour mesurer l'étendue considérée sous les trois dimensions réunies, longueur, largeur et hauteur.

118. D. Comment les mesures de solidité sont-elles divisées?

R. Les mesures de solidité sont divisées en deux classes, savoir:

1° Les mesures de SOLIDITÉ PROPREMENT DITES;

2° Les mesures pour le BOIS DE CHAUFFAGE.

MESURES DE SOLIDITÉ PROPREMENT DITES

119. D. Quelles sont les mesures de solidité proprement dites?

R. Les mesures de solidité proprement dites sont le MÈTRE CUBE et ses sous-multiples.

120. D. Qu'est-ce que le MÈTRE CUBE?

R. Le MÈTRE CUBE est un cube d'un mètre de côté.

121. D. Quels sont les sous-multiples du mètre cube?

R. Les sous-multiples du mètre cube sont:

1° Le DÉCIMÈTRE CUBE;
2° Le CENTIMÈTRE CUBE;
3° Le MILLIMÈTRE CUBE.

122. D. Qu'est-ce que le DÉCIMÈTRE CUBE?

R. Le **DÉCIMÈTRE CUBE** est un cube d'un décimètre de côté.

Le décimètre cube est contenu 1 000 dans le mètre cube.

123. D. Qu'est-ce que le CENTIMÈTRE CUBE?

R. Le **CENTIMÈTRE CUBE** est un cube d'un centimètre de côté.

Le centimètre cube est contenu 1 000 fois dans le décimètre cube et 1 000 000 de fois dans le mètre cube.

124. D. Qu'est-ce que le MILLIMÈTRE CUBE?

R. Le **MILLIMÈTRE CUBE** est un cube d'un millimètre de côté.

Le millimètre cube est contenu 1 000 fois dans le centimètre cube, 1 000 000 de fois dans le décimètre cube, et 1 000 000 000 de fois dans le mètre cube.

125. D. Comment écrit-on les sous-multiples du mètre cube?

R. En prenant le mètre cube pour unité, on écrit les décimètres cubes au rang des *millièmes*, les centimètres cubes au rang des *millionnièmes*, et les millimètres cubes au rang des *billioniémes*.

MESURES POUR LE BOIS DE CHAUFFAGE

126. D. Quelles sont les mesures pour le BOIS DE CHAUFFAGE?

R. Les mesures pour le **BOIS DE CHAUFFAGE** sont : le **STÈRE**, le **DÉCASTÈRE** et le **DÉCISTÈRE**.

127. D. Qu'est-ce que le STÈRE?

R. Le **STÈRE** est un mètre cube.

128. D. Qu'est-ce que le DÉCASTÈRE?

R. Le **DÉCASTÈRE** est une mesure qui égale dix fois le stère.

129. D. Qu'est-ce le DÉCISTÈRE?

R. Le **DÉCISTÈRE** est une mesure qui égale la dixième partie du stère.

MESURES DE CAPACITÉ

130. D. Qu'appelle-t-on mesures de capacité?

R. On appelle mesures de capacité celles qui servent à mesurer les liquides, comme l'eau, le vin, etc.; ainsi que les matières sèches, comme le blé, le froment, le riz, les haricots, etc.

131. D. Quelles sont les mesures de capacité?

R. Les mesures de capacité sont le LITRE et ses multiples, savoir : le DÉCALITRE, l'HECTOLITRE et le KILOLITRE, ainsi que ses deux sous-multiples, savoir : le DÉCILITRE et le CENTILITRE.

132. D. Qu'est-ce que le LITRE?

R. Le LITRE est une mesure dont la contenance égale un décimètre cube.

133. D. Qu'est-ce que le DÉCALITRE?

R. Le DÉCALITRE est une mesure dont la contenance égale 10 litres.

134. D. Qu'est-ce que l'HECTOLITRE?

R. L'HECTOLITRE est une mesure dont

la contenance égale 100 litres ou 10 décalitres.

135. D. Qu'est-ce que le KILOLITRE?

R. Le KILOLITRE est une mesure dont la contenance égale 1 000 litres, ou 100 décalitres, ou 10 hectolitres.

136. D. Qu'est-ce que le DÉCILITRE?

R. Le DÉCILITRE est une mesure dont la contenance égale la dixième partie du litre.

137. D. Qu'est-ce que le CENTILITRE?

R. Le CENTILITRE est une mesure dont la contenance égale la centième partie du litre, ou la dixième partie du décilitre.

MESURES DE POIDS

138. D. Qu'appelle-t-on mesures de POIDS?

R. On appelle mesures de POIDS, ou simplement POIDS, les mesures dont on se sert pour peser.

139. D. Quelles sont les mesures de poids?

R. Les mesures de poids sont le GRAMME et ses multiples, c'est-à-dire le DÉCA-

GRAMME, l'HECTOGRAMME, le KILOGRAMME et le MYRIAGRAMME, ainsi que ses sous-multiples, c'est-à-dire le DÉCIGRAMME, le CENTIGRAMME et le MILLIGRAMME. Le myriagramme est très-peu usité.

140. D. Qu'est-ce que le GRAMME?

R. Le GRAMME est un poids d'un centimètre cube d'eau pure.

141. D. Qu'est-ce que le DÉCAGRAMME?

R. Le DÉCAGRAMME est un poids de 10 grammes.

142. D. Qu'est-ce que l'HECTOGRAMME?

R. L'HECTOGRAMME est un poids de 100 grammes, ou de 10 décagrammes.

143. D. Qu'est-ce que le KILOGRAMME?

R. Le KILOGRAMME est un poids de 1000 grammes, ou de 100 décagrammes, ou de 10 hectogrammes.

144. D. Qu'est-ce que le MYRIAGRAMME?

R. Le MYRIAGRAMME est un poids de 10000 grammes ou de 1000 décagrammes;

ou de 100 hectogrammes, ou de 10 kilogrammes.

145. D. Qu'est-ce que le DÉCIGRAMME?

R. Le DÉCIGRAMME est un poids égal à la *dixième* partie du gramme.

146. D. Qu'est-ce que le CENTIGRAMME?

R. Le CENTIGRAMME est un poids égal à la *centième* partie du gramme ou à la dixième partie du décigramme.

147. D. Qu'est-ce que le MILLIGRAMME?

R. Le MILLIGRAMME est un poids égal à la *millième* partie du gramme, ou à la centième partie du décigramme, ou à la dixième partie du centigramme.

MESURES MONÉTAIRES

148. D. Qu'appelle-t-on mesures MONÉTAIRES?

R. On appelle mesures MONÉTAIRES, ou simplement MONNAIES, les mesures qui servent à évaluer le prix des choses.

149. D. Quelles sont les mesures monétaires?

R. Les mesures monétaires sont le FRANC

et ses sous-multiples, c'est-à-dire le DÉCIME, le CENTIME et le *millième*.

150. D. Qu'est-ce que le FRANC?

R. Le FRANC est une pièce de monnaie du poids de cinq grammes, dont neuf dixièmes d'argent et l'autre dixième de cuivre.

151. D. Qu'est-ce que le DÉCIME?

R. Le DÉCIME est une pièce de monnaie d'une valeur égale à la *dixième* partie du franc.

152. D. Qu'est-ce que le CENTIME?

R. Le CENTIME est une pièce de monnaie dont la valeur égale la *centième* partie du *franc*.

Le *millième* n'est usité que dans le calcul.

RÉPONSES DES PROBLÈMES

Numération des entiers.

1. 10, 20, 86.
2. 27, 48, 65.
3. 75, 93.
4. 168, 185.
5. 602, 723, 847.
6. 995, 907.
7. 1000, 1001, 2006.
8. 9031, 17054.
9. 36009, 55502.
10. 70040, 80087.

Numérations décimales.

11. 26,3.
12. 44,03.
13. 28,40.
14. 21,7 50.
15. 22,0 8.
16. 906,005.
17. 1006,0005.
18. 4007,00005.
19. 23,000005.
20. 59,0000005.

Exercices sur l'addition.

21. 473 unités.
22. 1 238 id.
23. 1 282 id.

Problèmes sur l'addition

24. 1 831.
25. 2501 arbres.
26. 411 élèves.
27. 503016.
28. 1157,405.
29. 8,884
30. 0,29082.

Problèmes sur la soustraction.

31. 99.
32. 30952
33. 320.
34. 65 ans
35. 7642,25.
36. 5,95.

Problèmes sur la multiplication.

87. 30576.
88. 846975215,96.
89. 1,4289.
40. 422690,625.
40759,36605.
3189336,92243.

Problèmes sur la division.

43. 38235
44. 823,84 reste 584
45. 64,83 814
46. 5,31 1107.
47. 0,41 640226.
48. 110[illegible]541 lettres

FIN

7[illegible]. — Tours, impr. Mame.

www.ingramcontent.com/pod-product-compliance
Lightning Source LLC
LaVergne TN
LVHW020037170826
845678LV00001B/300

9782329695723